玻璃瓶里的小森林

21个微景观的制作与养护

[法] 玛蒂尔德·勒利埃弗尔 / 著

[法] 纪尧姆·切夫 / 摄影

金秋玥 / 译

TERRARIUMS

21 MODÈLES DE PAYSAGES MINIATURES À CRÉER

中信出版集团 | 北京

序　言

"我总是能盯着一株植物看上一个小时的时间，这会给人带来莫大的平静。我当这作为一种疗愈，一种恩典。"

——德里克·贾曼

你有多久没有凝神认真观察过大自然了？人们常说"人与自然"，然而我们其实也是大自然的一部分呀。我们原本就从自然而来，只是随着现代文明的发展，我们离自然越来越远了，现在大家一有空就不停刷手机，无时无刻不被爆炸的信息包围着，不知不觉连发呆的闲暇都失去了。当我们的耳边不再有细草微风岸，眼中不再有花开花落时，生活就这样失去了自然的养分，变得干涩又空虚。

尽管我们在这样忙忙碌碌的生活中将自然遗忘了，但自然却从未将我们遗忘，它始终守护在我们身边，悄然生长着。或许我们可以从种植一个小小的微景观开始，让触碰泥土的双手、观察叶脉的眼睛，带我们重新找回与自然共处的乐趣。

都说一花一世界，而这小小的微景观就是一个生机盎然的微缩世界。你精心挑选的一石一草，都能借由你的双手，成为一座微型的花园、一个漫漫生长的故事，让你的目光偶尔在此惬意地栖息，让疲惫的身心被自然的力量治愈。

养这一隅小小的植物景观，兴许会让你的爱慢慢扩散到大自然。当漫步在街心花园时，你会开始留意脚边微小苔藓的生长变化；行走在上班路上，你会因路边石缝里钻出的小野花而心生欢喜；你观察得越仔细，发现的乐趣就越多，也会渐渐体悟到其实你始终被身边的美好包围着，心也因此变得柔软而松弛。这就是自然给予我们的爱。

花治植物美学实验室主理人 天天

前 言

儿时，我喜欢在布列塔尼的海滩上漫步，或是帮着祖父母照顾他们的菜圃。毫无疑问，正是这些美好的回忆让我对自然和园艺充满了热情。因此，我便自然而然地开始研究植物景观设计，并且希望有一天能把这种热情做成一份事业。2014年，我成立了自己的多肉植物景观设计公司，以期帮助人们，尤其是居住在城市中的人们，让他们可以与自然重新产生联结。

通过这本书里的微景观作品，我想向大家展示，无论身在何处，都能够亲近自然。制作植物微景观并不是只有园艺高手才能完成的事情，也不需要花费很多时间。

从这个角度来看，微景观是一种每天在家就能轻而易举地享受自然之美的方式。制作微景观既可以提升园艺技能，又能起到美化装饰家居的作用：只需要掌握几条非常简单的规则，再学会两三种操作方式，释放出想象力，就能在微景观的世界里徜徉嬉戏啦！

玛蒂尔德·勒利埃弗尔

目 录

引　言

微景观与生态箱不同。生态箱正如其名，有活体动物存在。而微景观则是生长在玻璃容器中的花园，是一种类似于水族箱的微型生态系统，只不过水和鱼类换成了土壤和植物。根据想要达到的预期效果，选择形状和大小合适的容器，以及喜欢的植物，微景观就可以呈现出不同的景致：潮湿的灌木丛、沙漠、热带雨林等。

微景观在20世纪70年代曾风靡一时，它的起源甚至可以追溯到维多利亚时代。当时，沃德博士为了做实验，将一枚蝴蝶茧放在玻璃瓶中潮湿的土壤上。几天后，他惊讶地发现密封的容器里居然长出了草和蕨类植物！得益于这次实验，"沃德箱"被发明出来，这种大型玻璃容器可以保证植物在越洋运输过程中也能存活很长时间，它引起了世界各地农业和植物学的巨大变革。此后沃德箱根据家居需求不断改进，主要由苔藓和热带植物组成，相当于最初的微景观，在当时的贵族圈内广受欢迎。

身处社会生活高速城市化的当下，我们离大自然越来越远，尝试在室内种植一些植物，又时常因为屋内空气太过干燥而难以成活。微景观以一种独特而新颖的方式将大自然带回我们的居所，让我们可以尽享日常生活里小而精致的美好。微景观打理起来轻轻松松却极具装饰性，如果你是园艺新手，却也想给家中装点些许绿色，那么微景观绝对是理想之选。打造微景观同时还是一项充满趣味性和创造性的活动，老少咸宜。

书中将介绍不同类型的微景观（封闭式、开放式、干燥型、潮湿型、以阔叶植物为主题的微景观等），以及它们所对应的不同制作技巧和各自的养护方式。

制作微景观的原理，是仿造出我们想要种植的植物生长的自然条件，使其得以在容器内生长存活。对容器、培养基质和制作材料的选择，以及对环境亮度和温度的控制，都是制作微景观极其重要的环节。

图示说明

养护的难易程度

)))))

从极易到较难

操作的难易程度

)))))

从极易到较难

制作微景观所需的材料

在开始制作微景观之前,先准备好每个步骤可能要用到的材料。通过了解各种材料的用途,或许可以从尚未尽善尽美的设计想法中扩散思维,再根据全新的想法补充制作材料。制作微景观是一项充满创造力的活动,所以请尽情表达自己的想法吧!

排水功能

确保排水功能良好是制作微景观的重中之重,也是需要首先完成的步骤。制作微景观所用的玻璃容器不像盆栽植物那样拥有花盆排水孔,无法排出多余的水分。因此,借助便于排水的材料,可以促进水分流动,调节微景观的含水量,防止植物根系长期浸泡在水中,避免植物腐烂。

01 火山石

火山石是一种布满小孔洞的火山熔岩,不仅造型美观,而且吸水性强,不易堵塞,可有效调节微景观内生态系统的水分平衡。

除此之外,也可以选择使用园艺陶粒球、精细或中等大小的砾石、天然或人工小碎石等来帮助排水。

清洁功能

具有净化功能的材料能够维持微景观的清洁健康,避免产生异味,防止霉菌和真菌滋生。

02 木炭(园艺专用)

木炭具有吸收异味的特性和净化功能,把碎木炭撒在排水层上,可以达到清洁微景观的目的。你可以在园艺用品商店里找到碎木炭,也可以直接从自家壁炉里就地取材。不过要避免使用烧烤专用炭,这种经过特殊加工的炭可能会损伤植物。

培养基质

培养基质是植物生长的基础,所谓培养基质,其实就是土壤、腐殖质、泥炭、黏土、沙子等的混合物。你可以自己调配,也可以从园艺用品商店购买现成的培养基质。你必须根据每一种植物(阔叶植物、多肉和仙人掌类植物、附生植物、盆景植物等)的不同需求选择合适的培养基质。如果有必要,在种植植物之前,借助喷壶用水浸润培养基质,这会使后续的操作更便捷,并且使植物生长得更好。

03 室内植物专用腐殖土

你必须使用轻型、透水性良好的腐殖土,以保持足够的水分,并且便于排出多余的水。这种腐殖土适用于阔叶植物,但不适用于盆景植物。

04 盆景植物所需的特殊腐殖土

盆景植物在营养和排水方面有特殊的需求,调配后的、透气性良好且营养丰富的培养基质,可使盆景保持良好的状态。

05 多肉和仙人掌类植物专用腐殖土

考虑到多肉和仙人掌类植物的特殊需要,这种混合了沙子的腐殖土透气性良好,并且便于这些不喜潮湿的植物排出多余的水分。

06 水苔

水苔是一种吸水能力很强的苔藓植物,它特别适合用来种植兰科植物和食虫植物。

装饰功能

砾石、沙砾、沙子、板岩、石头和卵石不仅具有排水功能,还有装饰作用。你可以用它们创造出起伏的地势、小小的海滩、多样的色彩并表达无限的幻想。这些材料都可以在园艺用品商店里轻而易举地找到。

07 石头

08 覆盖地衣(生长在木材上的微真菌)的木材和树皮

09 20~60毫米的灰白色扁平卵石

10 9~13毫米的白色砾石

11 9~13毫米的彩色砾石

12 彩色沙子

13 2~4毫米的彩色砾石

14 金属色石粒

常用工具

你可以在园艺用品商店或宠物用品商店的水族品柜台找到这些工具，也可以自己制作。

· 顶部带有圆头的小木棍，用于手够不到或者其他工具难以触及的角落，辅助夯实培养基质，可以用大号编织棒针替代，也可以用软木塞和小木棍自制。

· 勺子，用于把沙子和砾石准确地填充到较小的空隙里。

· 盆栽专用剪刀，用于给植物修剪整形。

· 滴壶，用于精准浇灌植物，也可以用勺子代替。

· 喷壶，用于将水雾化后喷洒，使微景观中的生态系统保持湿润状态。

· 超细纤维的刷子和抹布，用于清洁玻璃容器及植物上的灰尘和各种污染物。

正确操作，循序渐进

只需掌握几个简单正确的操作手法，再加上一些耐心和创造力，成功制作微景观简直易如反掌！

01

将用于排水的材料放入已清洁并擦干的容器中，再撒上园艺专用木炭。

02

在四周铺上一层砾石和沙子，铺设完成后可以将容器拿起来检查一下效果如何。这些装饰性的沙石可以为你的微景观增添不少趣味和特色。

03

撒入适合植物生长的培养基质，也可以用勺子或漏斗一点点均匀放入，再轻轻夯实。

03

种植某些植物（如兰科植物和食虫植物）时需要用到水苔，可以准备一盆水，将水苔浸泡进去，直到它充分吸收水分。使用前，先将水挤干，再将其放入微景观底部，便于栽种从别处移植而来的植物。

05 根据要栽种植物根茎的体积捣好孔洞，再将植物栽种进去。将根系埋入土壤，不过要注意别把植物的茎埋住。

04 用园艺铲轻轻挖出植物，适当清理根茎上多余的土，如果粘连着较硬的土块可以弄碎后再清除，这样便于植物适应微景观中的生存环境。

小贴士：种植的时候，避免把植物种在离容器壁太近的地方，因为积存在那里的水分可能会损害根系。需要遵循一个原则，即种植的区域和留白的空间需要保持一定的平衡，不要在微景观里种植过多的植物，为避免植物无法呼吸，我们要给植物留下充足的生长空间。

06 需要的话，可以用小木棍把土壤压得紧实一些，将植物固定住。

07 植物种好之后，就可以着手安置苔藓了。如果苔藓过于干燥，就将其放在水中浸泡15分钟，它就会重现生机，恢复原本美丽的绿色。将苔藓中多余的水分挤干，然后轻轻放在培养基质上。

08

铺设小卵石、砾石和沙子，如有需要，可以借助勺子。请尽情释放想象力，通过微景观再现你头脑中的精美景致。

09

根据每一种植物的不同需求，用滴壶或勺子小心地给它们浇上适量的水。如果有需要，也可以使用喷壶。

浇水要谨记"过犹不及"的原则。如果植物缺水可以很轻松地补水，但如果给水过量就会很难处理，而这对于微景观来说恰恰是致命的，所以浇水时千万别"下重手"！

当植物适应了环境，并开始在微景观中正常生长，对于长出的多余枝叶不必留情，直接掐掉即可。这个简单的园艺小技巧可以保证叶芽拥有充足养分，并促使新的枝条不断从植物底部发出。

封闭式微景观

封闭式微景观

这些小巧精妙的景观值得认真端详！

所谓的封闭式微景观，就像是小型的生态系统，几乎可以做到自给自足。在这种封闭的环境中，不同的生态过程各自展开并且相互影响：多亏了太阳的能量，植物可以通过光合作用制造养分。微景观借助蒸腾作用，以冷凝的形式实现水循环，保证环境湿度。植物蒸发的水蒸气，在容器壁上凝结成水滴，水再浸入土壤，被植物重新吸收，所以每年只需要浇一两次水即可。

光和温度是植物生长过程中不可或缺的两部分，也是需要着重考虑的因素。因此，我们应该把微景观放置在一个明亮的空间里，但是不可以放在阳光直射处，否则玻璃的聚光作用可能会导致植物过热或是被烤干。除此之外，还必须确保微景观远离所有热源。

制作微景观需要使用透明的玻璃容器，以保证植物能够充分利用光照，而且容器必须是能够封闭的，这样微景观内的生态系统才可以自给自足，并为植物提供最佳的生长条件。

封闭式微景观用的塞子可以是多种多样的：硬木、软木、雕刻的、定制的等，只要塞子与微景观内部接触的部分使用的是纯天然材料即可。

糖果盒、广口瓶、果酱罐、储物盒、玻璃瓶等，你能够想到的所有容器，都有可能摇身一变成为微景观的小天地。

养　护

超简便的封闭式微景观养护。

除了给微景观监测含水量并且每年浇一到两次水之外，还需要注意清除腐烂、变黑或脱落的叶子，因为这些叶子受潮湿环境的影响会很快腐烂，还可能导致霉变。

此外，当植物接触到容器壁或者过度生长时，需要用镊子或盆栽专用剪刀进行修剪。修剪后，把微景观敞开晾两天，便于切口的愈合。

植物叶子变黄或脱落怎么办？

如果微景观里植物的叶子掉落或变黄，通常是水分过多或过少的迹象。如果水分过多，就敞开容器，直到多余的水分被蒸发，然后再封闭起来。反之，如果过于干燥，就重新浸润苔藓并喷湿其他部分。

叶片变黄也可能是光照不足造成的。不必担心，这不是什么大问题，只需定期将微景观挪到光线较好的地方即可。

如果叶片上出现棕色斑点，通常是真菌造成的。去除受到影响的叶片，将微景观敞开晾两天，蒸发掉多余水分。

苔藓变黄怎么办？

如果是苔藓太干的缘故，按照"正确操作，循序渐进"中的步骤9给微景观补水即可。当苔藓再次吸饱水分，便会重现原本美丽的绿色。如果不是因为苔藓过干，也可能是由于日照过多，或是感染了真菌。如果是这种情况，可直接更换受损的苔藓。

出现霉变怎么办？

霉变是微景观湿度过高的标志，去除霉变的部分，将容器敞开晾两天以更新空气并调节湿度。以后也要多加关注，当水蒸气的凝结现象较为严重时，需要及时敞开容器。

微景观生虫怎么办？

微景观是一个"有生命的"生态系统，所以的确可能会有动物群落在此定居。

如果在培养基质中看到小虫子，可以放任不管，因为它们是无害的。

然而，如果容器中出现白色棉絮状的介壳虫，或是有蚜虫和小飞虫滋生，则需要按照使用说明适当使用驱虫剂。

园艺剪刀更便于修剪微景观中的植物造型。

凝结作用

封闭式微景观之所以可以做到自给自足，主要是因为它实现了水循环。

微景观内的湿度决定了植物的生存能力，所以为了保持微景观的生态系统平衡，关注并监测它的含水量非常重要。每年浇一到两次水，每次浇适量的水，避免淹没植物，防止根系腐烂，这是养好微景观的首要条件。

瓶盖下和容器壁上有一些细小的水滴和少量的雾气，表明微景观内的湿度情况良好。然而，如果凝结现象比较严重（比如产生了大颗水滴或是水雾过多导致看不清微景观内的景物），那就需要打开容器，蒸发掉多余的水分，更换新鲜空气。长期处于水分过量的状态会导致霉菌滋生，威胁微景观的生态系统。

苔藓变得干燥（可以通过触摸或观察苔藓的绿色是否变得黯淡来判断），又或者培养基质颜色变浅，这些都是微景观缺水的表现。遇到这些情况就需要给微景观补水，不过还是要遵循适量的原则，通常来说，几勺水就足够了。

微景观制作完成，在第一次浇水之后，应该把它敞开晾一天，让多余的水分蒸发。在第一周的时候，可以定期打开微景观通风，便于调节内部湿度平衡。

微景观系列植物

只有选择合适的植物,才可能制作出令人满意的微景观。

首先要确保所选的植物健康、形状紧凑、枝叶茂密:没有落叶的现象、没有棕色斑点或发黄的叶子——如果出现这些问题的叶片不多,直接摘掉即可。还要注意仔细检查,确保叶片下面没有虫子。

为你的微景观选择"微型"植物——由于遗传基因被修改,这些植物可以一直保持较小尺寸——适合在直径6厘米左右的容器内种植。强烈建议选用根系较小的小植物,这样就不会出现因为某种植物过度生长而影响生态平衡的情况,所有植物都可以更好地发育,也有利于生态系统的多样性。

在栽种植物之前,先对它们进行分组,这样可以有一个直观的印象。如果可能的话,先选择一个或两个(取决于容器的尺寸)大主题(例如盆景植物、蕨类植物、小咖啡树),这样便于为微景观创作提供体积和高度方面的参考。可以在较低处栽种彩色的植物,例如网纹草或嫣红蔓。也可以种植匍匐植物和攀缘植物,例如薜荔或常春藤,当然苔藓和地被植物也是不错的选择。

适宜栽种在微景观中的植物几乎都原产于热带地区,生性喜湿。因此,它们完全能够适应玻璃容器中的生存条件,可以在微景观中茁壮生长。

01

白发藓和大灰藓

低层植物和地被植物
(01~07)

03

薜荔

(可以使用杂色品种)

02

常春藤

(可使用已修剪过枝叶的常春藤,
也可以使用杂色品种)

07

金钱麻

05

嫣红蔓

04

网纹草

06

仰卧漆姑草

10

铜鼓铁线蕨

09

非洲天门冬

08

小咖啡树

11

马耳蕨

高层植物和盆栽植物
(08~16)

12

钮扣蕨

15

羽叶南洋森

13

波士顿蕨

人参榕

尖蕊秋海棠

14

16

山丘之上

山丘之上，一棵树的轮廓掩映在地平线处。日日夜夜，舞动的树枝和藤蔓陪伴着这棵树，它静静地注视着山谷的底部，那里充满了人间的烟火气息。

01 将火山石放入玻璃糖果罐底部，堆积成约2厘米的高度，然后在中间放置一块木炭。

02 倒入约3厘米厚的腐殖土，轻轻夯实。如果觉得不够，还可以自行添加。

03 在土中间挖一个大坑，把人参榕种下。用挖坑翻起的土把根系盖住，将土夯实，既能固定植物，又刚好堆出一个小山丘。

04 借助小木棍来栽种装饰性的植物，错落有致地放置苔藓、薜荔、常春藤、肾蕨和小石头，突出地势的起伏。

05 借助滴壶或小勺，给微景观浇约四分之一壶水，再用喷壶将整个微景观喷湿。然后将微景观敞开晾一天，等多余的水蒸发之后再将其封闭起来。

根据你脑海中的构思塑造出微景观。如果想做得更精致一些，可以多花些心思好好挑选用到的苔藓和矿石等原料。

养护难度： 〉〉〉〉〉
操作难度： 〉〉〉〉〉

容 器

玻璃糖果罐
直径：19厘米
高：23厘米

材 料

· 3~5把火山石
· 一块木炭
· 6~10把室内植物专用腐
  殖土
· 小石头

植 物

· 人参榕
· 白发藓
· 薜荔
· 常春藤
· 肾蕨

养护难度：〉〉〉〉〉
操作难度：〉〉〉〉〉

容 器

玻璃糖果罐

直径:25.5厘米

高:40厘米

材 料

· 8~10把火山石

· 一块木炭

· 灰色、黑色和白色的沙子

· 9~13毫米的灰色和白色
  砾石

· 2~3毫米的灰色和黑色砾石

· 15~20把盆景专用土

· 大石块

植 物

· 胡椒木

· 白发藓

· 马耳蕨

· 网纹草

· 薜荔

· 常春藤

壮观之景

在一个小小的、由矿物制成的精致微景观中，一棵蜿蜒而又壮观的树，迎着灿烂的阳光，展示着它最美的轮廓。

01 将火山石放入玻璃糖果罐底部，堆积成约3厘米的高度，然后在中间放置一块木炭。

02 将沙子和砾石分层叠放或混合堆放，制作出一个矿物层。

03 倒入约5厘米厚的盆景专用土，轻轻夯实。如果觉得不够，还可以自行添加。

04 在土中间挖一个大坑，把胡椒木种下。用挖坑翻起的土把根系盖住，将土夯实以固定植物。

05 借助小木棍来栽种装饰性的植物，用大石块制造出起伏的地形，再根据环境氛围需要，栽种苔藓、马耳蕨、网纹草、薜荔和常春藤。

06 借助滴壶或小勺，浇约半壶水，然后再用喷壶将整个微景观喷湿。

当枝叶触及容器壁时就需要进行修剪，这种盆景植物一年大约需要修剪1~2次。修剪完成之后，需要将微景观敞开放置两天，以促进切口愈合。在重新封闭之前，先确认微景观是否需要浇水。你也可以选择用其他植物作为微景观的主体，如盆栽榕树等。

丛林野趣

这个带有软木塞的漏斗形微景观就是一个真正的小丛林, 蕨类植物在这里茁壮成长, 藤本植物在枝叶繁茂的环境中攀附枝条而生。

01 在容器底部放入约2厘米厚的火山石, 然后在中间放置一块木炭。

02 倒入约3厘米厚的腐殖土, 轻轻夯实。如果不够, 后期可以再添加。

03 首先用大石块塑造出起伏的地势, 然后借助小木棍种植植物。从枝叶最粗壮的植物开始种植, 如蕨类植物(马耳蕨、铜鼓铁线蕨), 然后用剩下的植物、木料和苔藓填满空隙。

04 用滴壶或小勺给微景观浇大约半壶水, 再用喷壶喷湿植物表面。

为了使微景观更具多样性, 你还可以在其中加入不同种类的蕨类植物, 因为它们能够很好地适应潮湿的环境。除此之外, 你还可以给微景观搭配不同颜色的枪刀药属植物。

养护难度: ❯❯❯❯❯
操作难度: ❯❯❯❯❯

容　器

玻璃糖果罐

直径:29.5厘米

高:32厘米

材　料

- 8~10把火山石
- 一块木炭
- 15~20把室内植物专用腐殖土
- 大石块
- 地衣覆盖的树枝和树皮

植　物

- 铜鼓铁线蕨
- 金黄水龙骨
- 马耳蕨
- 花叶薜荔
- 绿色和杂色的榕属植物
- 绿色和杂色的常春藤
- 白发藓和大灰藓

流行色

你也可以通过流行色或那些艳丽的色彩来打造别具一格的微景观：红色、橙色、粉色、紫红色……尽情享受利用小小的"彩色烟花"来点亮微景观的快乐吧！

养护难度： 〉〉〉〉〉

操作难度： 〉〉〉〉〉

容　器

玻璃糖果罐

直径：23厘米

高：28厘米

材　料

· 2~4把火山石

· 一块木炭

· 9~13毫米的彩色砾石

· 2~3毫米的彩色砾石

· 5~8把室内植物专用腐殖土

植　物

· 天门冬

· 皇家雨点海棠

· 粉色观叶植物

· 薜荔

· 常春藤

· 白发藓和大灰藓

)1 将火山石放入容器底部，堆积成约2厘米的高度，然后在中间放置一块木炭。

)2 将不同尺寸的彩色砾石分层叠放或混合堆放，制作出一个矿物层。

)3 倒入约3厘米厚的腐殖土，轻轻夯实。如果觉得不够，还可以自行添加。

)4 从较大的植物开始种植，再用苔藓和彩色砾石营造出构思好的氛围。

)5 借助滴壶或小勺，浇约四分之一壶水，然后用喷壶喷湿整个微景观。

在种植的过程中，需尽量少让植物的叶子碰到潮湿的容器壁，否则容易腐坏变黑，破坏微景观的生态系统。

人居之处

微景观变成了一个真正有"人"居住的小世界,奇妙而有趣。在灌木丛或树木的周围,你会发现一些意想不到的小生命在草地上嬉戏。

01 将火山石放入容器底部,堆积成约2厘米的高度,然后在中间放置一块木炭。

02 将细砾石分层叠放或混合堆积,制作出一个矿物层。

03 倒入约3厘米厚的腐殖土,堆成一个斜坡,露出一部分矿物层,形成一个小型的矿物海滩。

04 先在高处种植小咖啡树,接着种下仰卧漆姑草,然后放入苔藓制作出小山丘的模样。铺设扁平卵石和彩色、白色砾石,为住在微景观里的"小生命"创造一个真实而小巧的生活环境,最后安置好小人偶摆件。

05 借助滴壶或小勺,浇约四分之一壶水,然后用喷壶喷湿整个微景观。

你可以根据喜好,随时移动或定期更换人偶摆件,让你的微景观小世界变得更加富有生机和活力。

养护难度: ❭❭❭❭❭

操作难度: ❭❭❭❭❭

容 器

玻璃糖果罐

直径:15厘米

高:19厘米

材 料

· 2~4把火山石

· 一块木炭

· 2~3毫米的天然黑砾石

· 5~8把室内植物专用腐殖土

· 20~60毫米的灰白色扁平卵石

· 9~13毫米的彩色和白色砾石

· 装饰用人偶摆件

植 物

· 小咖啡树

· 仰卧漆姑草

· 白发藓

珍奇百宝屋

养护难度： 〉〉〉〉〉

操作难度： 〉〉〉〉〉

容　器

杯状玻璃容器

直径：20厘米

高：6.5厘米

玻璃钟形罩

直径：23.5厘米

高：39厘米

材　料

· 4~6把火山石

· 一块木炭

· 2~3毫米的天然砾石

· 8~12把盆景专用土

· 大石块

植　物

· 盆栽榕树

· 白发藓

· 薜荔

· 常春藤

玻璃钟形罩下是个珍奇百宝屋。我们可以在这片珍贵的空间里尝试各种新颖独特的想法：加入奖牌、古董、历史文物或艺术品等元素。这个微景观提供了一片奇妙而神秘的小天地，让你可以在这里自由幻想、尽情创造！

01 将火山石倒入杯状玻璃容器的底部，堆积约3厘米的厚度，在中间放置一块木炭。

02 将砾石分层叠放或混合堆放，制作出一个矿物层。

03 倒入约4厘米厚的盆景专用土，轻轻夯实。如果觉得不够，还可以自行添加。

04 在土中间挖一个大坑，深及火山石层，种植盆栽榕树。用挖坑翻起的土把根系盖住，将土夯实以固定植物。

05 借助小木棍，按照你的想法种植装饰性的植物：首先用大石块塑造起伏的地势，然后用苔藓、薜荔、常春藤填满空隙。

06 借助滴壶或小勺，浇约半壶水，然后用喷壶喷湿整个微景观，最后用玻璃钟形罩盖住微景观。

你需要把微景观放在一个明亮的地方，同时注意避免阳光直射。如果微景观的一面是背光的，记得时不时转动它，保证所有植物都能获得光照，和谐共生。

变废为宝

微景观的一个优点是各种各样的透明玻璃容器都能派上用场。你只需要释放想象力，充分发挥它们的可能性，把广口瓶、果酱瓶、卡扣玻璃罐、旧花瓶、茶壶、药瓶，或其他盛放化学品的容器、灯泡、饮料瓶等，通通变成令人惊叹的小小景观吧！

)1 将火山石放入卡扣玻璃罐的底部，堆积成约1厘米的高度。然后再将彩色砾石和沙子分层放入，最终堆积成约3厘米的高度。

)2 放入一块木炭，倒入约2厘米厚的腐殖土，轻轻夯实。

)3 借助小木棍，把植物种在微景观中间的区域，然后在周围种上苔藓并在空隙里铺上砾石。

)4 用滴壶浇约一勺的水，然后用喷壶喷湿整个微景观。

这是一款非常适合与孩子们共同完成的微景观！因为制作这个微景观需要用到各种颜色的沙石和植物，孩子们会很乐意用他们的小手帮忙一起完成。

养护难度： ❭❭❭❭❭

操作难度： ❭❭❭❭❭

容 器

卡扣玻璃罐或果酱瓶

直径：10厘米

高：18厘米

材 料

· 1把火山石

· 2~3毫米的彩色砾石

· 彩色沙子

· 一块木炭

· 1~3把室内植物专用腐殖土

植 物

· 花叶薜荔

· 常春藤

· 网纹草

· 白发藓

与球碰撞

养护难度：　❯❯❯❯❯

操作难度：　❯❯❯❯❯

容　器

玻璃花瓶

直径：18.8厘米

高：36厘米

木质球

直径：12厘米

材　料

· 3~5把火山石

· 一块木炭

· 9~13毫米的灰色砾石

· 2~3毫米的灰色和黑色砾石

· 灰色沙子

· 6~10把室内植物专用腐

　殖土

· 大石块和中等大小的石块

植　物

· 南洋参属的植物

· 薜荔

· 杂色常春藤

· 白发藓

这个微景观由一个似乎在表演着平衡技巧的木质球主导, 它让人联想到千里之外的风景：一株南洋参属的植物在悬崖峭壁上俯瞰大地, 这几乎让人目眩神迷。

❯1　将火山石放入玻璃花瓶的底部, 堆积成约2厘米的高度, 然后在中间放置一块木炭。

❯2　用砾石和沙子在微景观中构造出层次分明的分层地貌。

❯3　倒入1~5厘米厚的腐殖土, 在花瓶中心塑造出一座小山, 并轻轻夯实。

❯4　先用大石块把地势抬高, 打造出宛如峭壁的地形, 再种上南洋参属的植物。

❯5　接着用中等大小的石块固定住植株, 在空余的地方种上薜荔和杂色常春藤, 然后用苔藓和沙子填充空隙, 它们能够为小小的悬崖景观画龙点睛。

❯6　借助滴壶或小勺, 浇约四分之一壶水, 然后用喷壶喷湿整个微景观。

这款微景观的瓶盖也可以用来展现你的创造力！无论是使用软木、硬木还是树脂材料作为瓶盖, 都可以根据你的喜好来雕刻或装饰。

LES ESCALES

KAREN VIGGERS
roman

LA MAISON
DES HAUTES
FALAISES

开放式微景观

开放式微景观

多用小型沙漠多肉植物。

干燥式或开放式微景观是仙人掌和多肉植物的理想栖息地，因为这些植物害怕潮湿。事实上，大大的敞口便于生态系统中的空气循环，可以为这些适宜生长在干燥沙质土壤里的沙漠或半沙漠地区植物创造有利的生长环境。

"多肉植物"是指所有能在叶子、茎和根中储存水分的肉质植物，从这个角度来看，仙人掌也是多肉植物的一种。

多肉植物具有生命力顽强、易于打理、种类丰富多样的特点，可以让微景观充满活力，带来意外的惊喜。

动手玩起来吧！圆形或方形的水族缸、花瓶、杯子、罐子、各种各样的坛子、吊灯、提灯、瓶子、盒子等都能派上用场，几乎所有的玻璃容器都适用。

养　护

屏息凝神,你的多肉植物正在和你说话呢……

制作开放式微景观的方法和步骤和制作封闭式微景观大致相同(详见"正确操作,循序渐进",第7~9页),只需更换适合多肉植物生长的培养基质。养护上的唯一区别,就在于开放式微景观里不会发生水循环。

除了空气凤梨,其他的多肉植物几乎不需要浇水。它们能够在没有水的环境下存活很久,这使得多肉植物的养护变得非常容易。每隔10~15天左右浇一次水足矣,哪怕是等到土壤完全变干再浇水也无妨。只要及时给多肉植物足够的水分滋养,它们就可以活得欣欣

向荣。浇水时可在每株植物的根部浇约一勺水,需要格外注意别在叶片上形成积水,否则可能会损伤植物。为了尊重多肉植物的生长习性,从10月到第二年2月,有必要减少浇水的量,因为进入休眠期的多肉植物需水量较少,所以每月只需浇少量水即可。

最后要注意的是,应该把微景观放置在一个明亮的地方,同时避免阳光直射,否则玻璃的聚光作用可能会使植物受损。

植物底部的叶子完全脱水并开始落叶怎么办?

不必担心,这是植物正常的新陈代谢:当新叶开始萌生的时候,底部的叶子就自然而然地走向死亡,把干枯的叶子从微景观里取出来即可。

叶子卷曲,或者根茎变弯怎么办?

这说明你的多肉植物渴了!植株枯萎是多肉植物体内储藏的水分被大量消耗的标志,这意味着该给它浇水了。

叶子和茎变得苍白怎么办?

很可能是因为多肉植物缺乏光照,可以把微景观摆放到光线充足的地方。

植物底部茎叶发软怎么办?

注意,这说明你给多肉植物浇的水太多了!如果植物还没有彻底病变,不妨等到土壤完全干透后再浇水。如果已经发生病变,必须立刻将病变的植株从微景观中取出,以免霉菌滋生和传播,然后再换上新的植株即可。

可以借助勺子给多肉植物浇水。

微景观系列植物

把植物栽种进微景观之前,要先检查它们是否健康。

就像检查封闭式微景观需要用到的植物一样,制作开放微景观也需确保你使用的植物是健康的:没有棕褐色的斑点,没有发软或受损的茎,没有虫害或落叶。

多肉植物的种类很多,你可以根据自己的喜好,从各种形状、纹理或颜色不同的植物中自由选择,不过要确保它们的生活习性类似。

你可以根据微景观所用的容器大小,搭配栽种不同尺寸的植物。多肉植物生长缓慢,而且不容易过度生长,所以微景观可以在较长时间内保持良好的造型。

最后要记住,潮湿是多肉植物最大的敌人,所以这种类型的微景观不适合种植苔藓。现在是卵石、砾石和彩色沙子大显身手的时刻了,尽情释放你的创造力吧!

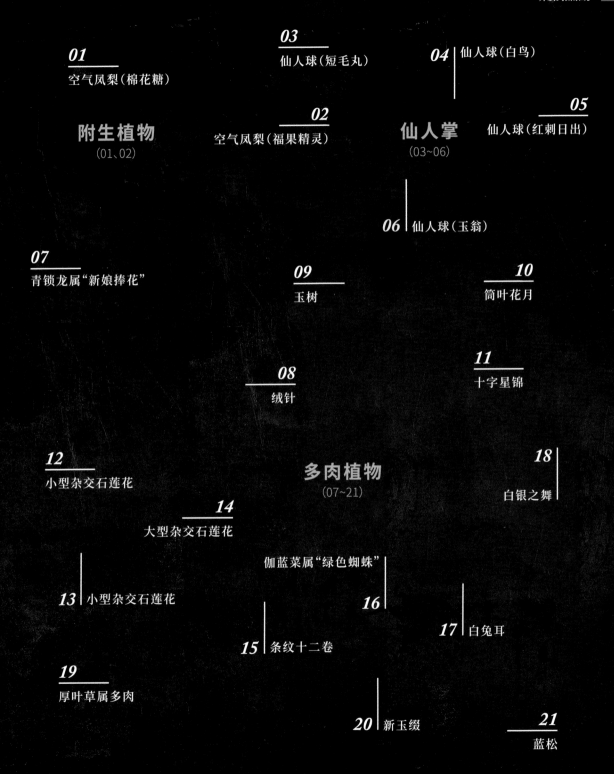

01
空气凤梨（棉花糖）

03
仙人球（短毛丸）

04 仙人球（白鸟）

附生植物
（01、02）

02
空气凤梨（福果精灵）

仙人掌
（03~06）

05
仙人球（红刺日出）

06 仙人球（玉翁）

07
青锁龙属"新娘捧花"

09
玉树

10
筒叶花月

11
十字星锦

08
绒针

18
白银之舞

12
小型杂交石莲花

多肉植物
（07~21）

14
大型杂交石莲花

伽蓝菜属"绿色蜘蛛"

13 小型杂交石莲花

16

17 白兔耳

15 条纹十二卷

19
厚叶草属多肉

20 新玉缀

21
蓝松

天空的女儿

附生植物是附着在其他植物上,自身可进行光合作用的植物,通常不需要依赖培养基质生存。只需简单的维护,你就可以用它们做出一个新颖别致的微景观。

01 先将植物喷湿,注意避免水流积到叶片中心,然后把植物倒置晾干。

02 用砾石、沙砾、沙子和卵石在瓶子底部尽情创作,堆叠出美丽的地层。

03 将覆盖着地衣的树枝轻轻埋在砾石中,使其保持直立。

04 将空气凤梨(棉花糖)放在砾石上,注意不必掩埋根系,然后将空气凤梨(福果精灵)挂在树枝上。

如果植物缺水,需要把它们从微景观里拿出来浇水,等植物晾干后,再重新放入微景观。每2~3天喷一次水(冬天约10天喷一次即可)。

养护难度: ❱❱❱❱❱

操作难度: ❱❱❱❱❱

容 器

蜡烛瓶

直径:15厘米

高:35厘米

材 料

· 6~8把9~13毫米的灰色和白色砾石

· 2~4毫米的黑色、灰色、白色沙砾

· 黑色和白色沙子

· 20~60毫米的灰白色扁平卵石

· 覆盖地衣的木材和树皮

植 物

· 1株空气凤梨(棉花糖)

· 3株空气凤梨(福果精灵)

仙人掌宝库

养护难度： ❭❭❭❭❭

操作难度： ❭❭❭❭❭

这个微景观展现了仙人掌的风情，就像是一个半开着的箱子，等待我们去发现其中的宝藏。但是要小心，千万不要触碰它，里面的仙人掌宝藏只能用眼睛来欣赏！

容 器

金属边矩形玻璃盒

宽：17.5 厘米

高：30 厘米

长：17.5 厘米

材 料

· 4~6把火山石

· 一块木炭

· 直径约2~4毫米的金色和古铜色石粒

· 金色和古铜色沙子

· 8~12把仙人掌专用腐殖土

植 物

· 5种不同的仙人掌

· 青锁龙属"新娘捧花"

01 在玻璃盒底部放入约2厘米厚的火山石，然后将木炭、石粒、沙子和腐殖土分层或混合放入，堆积成约7厘米的高度。

02 佩戴手套种植仙人掌和其他多肉植物，用小木棍把周围的土夯实。

03 在植物周围撒上石粒和沙子。

04 用滴壶给微景观浇少量的水，每株植物约浇一小勺水即可。

仙人掌不喜欢潮湿的环境，水分过多会导致它们腐烂。因此需要等到土壤完全干透后再浇水，而且要注意控制水量。冬天则不需要给微景观浇水，或只需要浇一点点水，因为仙人掌在冬季处于休眠状态。记得要把盒盖敞开放置！

多肉岛屿

种植在大口径酒杯中的微景观看上去十分诱人。各种形状和颜色的多肉植物汇聚在一起，形成了一个植物丰茂的小岛屿，它的出现会使你的餐桌变得生机勃勃。

01 将火山石倒入酒杯底部，堆积成约2厘米的高度，然后在中间放置一块木炭。

02 倒入约3厘米厚的腐殖土，轻轻夯实。

03 从最大的植物开始，将多肉植物一一种下，然后借助小木棍将小填充物和小石块填入空隙。

04 用滴壶在每株多肉植物根部浇约一勺的水。

给多肉植物浇水时，需要格外注意，不要在叶片上形成积水，否则很可能会损伤植物。只有在土壤完全干透以后，才需要再次浇水。

养护难度： 》》》》》

操作难度： 》》》》》

容　器

大口径酒杯

直径：24.5厘米

高：10厘米

材　料

· 4~6把火山石

· 一块木炭

· 8~12把仙人掌和多肉植物专用腐殖土

· 小石块

植　物

· 伽蓝菜属"绿色蜘蛛"

· 玉树

· 十字星锦

· 条纹十二卷

· 大型和小型杂交石莲花

迷你微景观

你可以将这种小型微景观摆放在家里，并根据个人喜好增加或减少它们的数量。这种微景观灵活运用彩色沙子，装饰性强，非常好看。你可以把它们放在桌子的中间，也可以放在书架上，甚至放在最小的空间里，都会让居所变得生动起来。

养护难度： ❭❭❭❭❭
操作难度： ❭❭❭❭❭

容　器

小玻璃杯

直径：8厘米

高：6厘米

材　料

· 1把火山石

· 彩色沙子

· 9~13毫米的彩色砾石

· 2~4毫米的彩色粗砂

· 一块木炭

· 1~3把仙人掌和多肉植物
　专用腐殖土

植　物

· 大型和小型杂交石莲花

· 十字星锦

· 新玉缀

❭1　在小玻璃杯底部铺一层火山石，然后将沙子、砾石和粗砂分层放入，直到厚度达到3厘米左右。

❭2　放入一块木炭，倒入约2厘米厚的腐殖土，轻轻夯实。

❭3　借助小木棍，种植仙人掌和多肉植物。

❭4　用滴壶在每株多肉植物根部浇约一勺的水。

你可以重复利用小果酱罐或玻璃酸奶瓶来制作这种微景观，还可以在容器上绑丝带进行装饰。

霜花玻璃泡

多肉植物的色彩、种类十分丰富，即使是在一个很小的微景观中，它们也可以展现出细微的差别。这个有"霜花"凝结的玻璃泡，就像一枚雪球的倒影，呈现出最美丽的蓝色和白色。

01 在玻璃容器底部放置约2厘米厚的较大白色砾石，然后在中间放入一块木炭。

02 接着用较细的砾石和沙子塑造出地层，再倒入约3厘米厚的腐殖土，轻轻夯实。

03 从最大的多肉植物开始种植，然后在植物周围铺上砾石和沙子，制造出霜花的效果。

04 用滴壶在每株多肉植物根部浇约一勺的水。

你也可以用粉色、绿色或黄色等不同颜色的多肉植物来装饰微景观。

养护难度： 〉〉〉〉〉
操作难度： 〉〉〉〉〉

容　器

球形玻璃容器

直径：12厘米

高：17 厘米

材　料

· 3~5把9~13毫米的白色
　砾石

· 一块木炭

· 2~4毫米的灰色和白色砾石

· 灰色和白色的沙子

· 6~10把仙人掌和多肉植
　物专用腐殖土

植　物

· 蓝松

· 白兔耳

· 伽蓝菜属"千兔耳"

· 厚叶草属多肉

· 大型和小型杂交石莲花

养护难度： 〉〉〉〉〉

操作难度： 〉〉〉〉〉

容　器

金属（或黄铜）边的钻石
形玻璃盒

边长：15.5厘米

高：20厘米

材　料

· 1~3把2~4毫米的古铜
  色沙砾

· 古铜色沙子

· 一块木炭

· 3~5把仙人掌和多肉植物
  专用腐殖土

植　物

· 绒针

· 筒叶花月

· 条纹十二卷

· 大型和小型杂交石莲花

几何世界

这个如同珍宝般的微景观里有一片多肉植物的绿洲，你从任何角度都能尽情欣赏。你可以把这个玻璃外壳的小小几何世界悬挂起来，或是将它放在桌子上。这颗"植物钻石"不需要太多的养护，却始终尽己所能地净化空气、美化环境。

〉1 将沙砾和沙子分层放入玻璃盒底部，直到厚度达到3厘米左右。

〉2 放入一块木炭，倒入约2厘米厚的腐殖土，轻轻夯实。

〉3 借助小木棍，将多肉植物种入微景观。

〉4 用滴壶在每株多肉植物根部浇约一勺的水。

你也可以用仙人掌或附生植物来代替多肉植物，由它们组成的微景观效果也很棒！

地形的轮廓

将这个半球形的花瓶放在架子上，背靠墙壁，看上去效果会非常好。这个微景观就像是一扇舷窗，透过它便能看见一片沙漠，而你的仙人掌等植物就在这片小沙漠里自由生长。

)1 在半球形玻璃容器底部放入约2厘米厚的大块白色砾石，然后在中间放一块木炭。

)2 用更细小的砾石和沙子构筑地层，然后倒入约3厘米厚的腐殖土，轻轻夯实。

)3 把仙人掌种入微景观，注意仙人掌之间要保持一定的距离。然后用小石块填充空隙，为仙人掌创造一个干燥的生存环境。

)4 用滴壶在每株仙人掌根部浇约一勺的水。

你也可以用多肉植物或附生植物来装饰这个微景观（如绒针、青锁龙属"新娘捧花"等）。尽可能突显地层的轮廓，这样微景观会更好看！

养护难度： ❭❭❭❭❭
操作难度： ❭❭❭❭❭

容 器

半球形的花瓶或水族缸
直径：28厘米
高：20厘米

材 料

· 3~5把9~13毫米的白色砾石

· 一块木炭

· 2~4毫米的灰色和白色天然砾石

· 白色沙子

· 6~10把仙人掌和多肉植物专用腐殖土

· 小石块

植 物

· 5种不同的仙人掌

特殊微景观

特殊微景观

由于类型和构成不同，这部分介绍的微景观的制作和养护方法，与前面介绍的封闭式和开放式微景观并不相同：比如种植阔叶植物于敞口容器中时，应注意微景观的变化并定期浇水；若种植食虫植物，则应注意选择合适的培养基质；种植开花植物，则需定期修剪以促进开花……

即便如此，这些微景观制作起来依然非常容易，你可以用它们来练手，进行各种尝试，在这个过程中你将体会到园艺的无限乐趣。

微景观系列植物

只要你能想办法模拟出适合植物生长的环境, 就可以尽情在微
景观中尝试栽种各种各样的植物, 尽情享受这份特别的快乐吧!

文竹

02

蝴蝶兰

01

03

铁线蕨

04 圆叶椒草

05 斑叶垂椒草

06

白花酢浆草

食虫植物

养护难度：》》》》》
操作难度：》》》》》

容　器

圆柱形玻璃容器

直径：20厘米

高：56厘米

材　料

· 3~5把火山石

· 一块木炭

· 充分吸水的水苔

植　物

· 瓶子草

通过这个由食虫植物组成的微景观来好好端详这些特别的植物吧！它们能够吸引、捕食昆虫。食虫植物很吸引人，但它们也有一些特殊的需求，所以需要你用心养护。

01 在容器底部放入约3厘米厚的火山石，然后在中间放一块木炭。

02 将吸足水的水苔放入容器，堆积到5厘米厚。

03 把瓶子草轻轻栽种在水苔里，将植物根部周围的区域按压紧实，把它固定在培养基质中。

04 借助滴壶或小勺，浇约半壶的纯净水，然后用喷壶喷湿整个微景观，喷壶中的水也必须是纯净水，因为这些生长于土壤贫瘠地区的植物很难吸收矿物质。

食虫植物喜欢潮湿的环境，你可以每天给它们喷洒纯净水，确保培养基质始终保持湿润状态。除此之外，你还需要把微景观放在有光的地方，但是要避免阳光直射。如果发现个别叶子变成棕色，不必担心，这是植物的正常生长规律。你只需要把枯萎的叶片摘下，从微景观里取出即可。

灌木丛

潜入这片灌木丛,任自己沉醉于文竹高高的树冠下,那些茁壮成长的蕨类植物和苔藓中。

养护难度: ⟩⟩⟩⟩⟩

操作难度: ⟩⟩⟩⟩⟩

容 器

圆球形玻璃容器

直径:40厘米

材 料

· 8~10把火山石

· 一块木炭

· 15~20把室内植物专用
  腐殖土

· 不同大小的石块

植 物

· 文竹

· 白发藓和大灰藓

· 薜荔

· 常春藤

01 在容器底部放入约3厘米厚的火山石,然后在中间放一块木炭。

02 倒入约5厘米厚的腐殖土,打造出半球形的地势,并将土轻轻夯实。如果土不够,后期可再添加。

03 在中间挖一个大坑,把已理顺好根须的文竹放入,用土将根部盖住,夯实以固定植物。

04 借助小木棍进行修饰。首先用大石块塑造起伏的地势,接着根据你想要的效果,用苔藓、薜荔和常春藤来填充空余的区域。

05 用滴壶或小勺在微景观中注入约半壶水,然后再用喷壶喷湿植物表面。

开放式微景观不像封闭式微景观那样可以在内部进行水循环,因此你需要多加观察,为保证水分充足,除了每周浇一次水之外,每天还需要多给它喷水。如果苔藓变干了,就重新把它们浸湿(详见第8页),使它们重现活力。

以花为饰

养护难度： 〉〉〉〉〉
操作难度： 〉〉〉〉〉

在这片潮湿而繁茂的灌木丛中,有一种神秘的兰花生长在苔藓、草本植物和蕨类植物之间。它明艳的花朵点亮了这片小小的风景,每看一眼都会让人感到惊艳。

容　器

玻璃花瓶

直径:24厘米

高:36厘米

材　料

· 8~10把火山石

· 一块木炭

· 充分吸水的水苔

· 10~15把室内植物专用腐
　殖土

· 覆盖地衣的木材和树皮

· 小石块

植　物

· 蝴蝶兰

· 钮扣蕨

· 珍珠草

· 薜荔

· 白发藓和大灰藓

01 在玻璃花瓶底部放入约3厘米厚的火山石,然后在中间放一块木炭。

02 先对蝴蝶兰做一定处理,用吸足水的水苔包裹住蝴蝶兰的根系,并把水苔捏成球形,然后把处理好的蝴蝶兰种在微景观的中心区域。

03 把腐殖土倒在包裹着蝴蝶兰根系的水苔周围,轻轻夯实,将蝴蝶兰固定住。

04 将钮扣蕨、珍珠草、薜荔等植物依次种入微景观,并在这些植物的间隙处铺设苔藓、木材、树皮和小石块。

05 用滴壶在微景观中注入约半壶水,再用喷壶喷湿整个微景观。

蝴蝶兰、苔藓和蕨类都是喜湿的植物。记得定期给微景观喷水,使其保持较高的湿度,并按植物所需每周浇一次水。

在灯光的尽头

这盏仿佛被遗弃在古老谷仓中的灯已经被大自然占领：苔藓、珍珠草和蕨类植物在这里扎根生长，构成一片亮丽的风景。这些植物可以轻易适应各种容器，制作出来的效果也非常棒！

养护难度： 〉〉〉〉〉

操作难度： 〉〉〉〉

容 器

提灯

直径：15厘米

高：24厘米

材 料

· 3~5把火山石

· 一块木炭

· 6~10把室内植物专用腐
  殖土

· 小石块

植 物

· 铁线蕨

· 白发藓

· 珍珠草

)1 在提灯底部放入约2厘米厚的火山石，确保提灯保持敞开的状态，避免在后续操作过程中产生阻碍，然后在中间位置放一块木炭。

)2 倒入腐殖土，并将其堆积成从1厘米到5厘米倾斜的斜坡，轻轻夯实。

)3 从低处开始种植，先种入铁线蕨，然后再种白发藓和珍珠草，注意保持整体造型呈斜坡状。再放入一些石块，让整个微景观显得更加原始和自然。

)4 用滴壶在微景观中注入约半壶的水，再用喷壶喷湿整个微景观。

为了确保微景观内始终保持湿润，需要每天喷一次水，约每10天浇一次水。

悬挂的圆叶椒草

养护难度： 〉〉〉〉〉
操作难度： 〉〉〉〉〉

容器

可悬挂的球形玻璃容器

直径：20厘米

材料

· 3~5把火山石

· 一块木炭

· 6~10把室内植物专用腐
  殖土

植物

· 草胡椒

· 圆叶椒草

将这款微景观放在高处会显得更好看，你可以把它悬挂在天花板或横梁上，给房间营造一种生机勃勃、郁郁葱葱的氛围。你还可以尝试在家中不同高度处交替悬挂各种微景观，让它们呈现百变造型、错落有致，更具装饰性！

01 在球形玻璃容器底部放入约2厘米厚的火山石，然后在中间放一块木炭。

02 倒入约5厘米厚的腐殖土，轻轻夯实。

03 从微景观的低处开始，交替栽种草胡椒和圆叶椒草，任由粗壮的茎叶从容器口自然地"倾泻而出"。

04 用滴壶给微景观浇约半壶水，等土壤完全干透后才需要再次浇水。

草胡椒属的植物原产于拉丁美洲，养护简单、易上手，是拥有装饰性叶片的植物。草胡椒属的植物种类丰富，你可以根据自己的喜好进行选择，将有着各种不同形状和颜色叶片的植物组合到一起。

小幸运

酢浆草(假四叶草)象征着幸运。这个方形微景观可以将它的幸运渗透到家中的每一个角落。这小小的微景观就像是自然的一角,我们汲取大自然的精华,在微景观中再现一小片诗意盎然的风景。

1 将大块的白色砾石铺在方形玻璃容器底部,接着撒上沙砾和沙子,并将它们分层堆积出高低不平的地势,约1~3厘米厚。

2 撒上碎木炭做成排水层,然后倒入1~2厘米厚的腐殖土,堆积出一个凸起的区域。

3 借助小木棍,把酢浆草和珍珠草种入微景观,并把植物周围的土夯实。

4 将白发藓和大灰藓交替种入微景观中,再放入扁平卵石,形成起伏的地形。

5 用滴壶在每株植物根部浇约一勺的水。

酢浆草是一种多年生草本植物,长有球茎或根茎。酢浆草有很多种,每一种酢浆草的叶片颜色和花期各不相同,你可以利用不同酢浆草的特点,制作出各种独一无二的微景观。

养护难度: ﹥﹥﹥﹥

操作难度: ﹥﹥﹥

容 器

方形玻璃容器

长:10厘米

宽:5.5厘米

高:15厘米

材 料

· 3~5把9~13毫米的白色砾石

· 白色沙子

· 2~4毫米的白色沙砾

· 一块木炭

· 6~10把室内植物专用腐殖土

· 20~60毫米的灰白色扁平卵石

植 物

· 酢浆草

· 珍珠草

· 白发藓和大灰藓

致　谢

首先，我要感谢我的父母和兄弟，他们在我探索多肉植物景观设计的过程中一直支持我。同时我还要感谢所有因制作微景观而结识的同道中人，因为他们的鼓励和帮助，让一时的激情成为我日常的乐趣。最后非常感谢为这本书的付梓而努力的编辑团队的所有成员，在这次令人难忘的创作过程中始终陪伴在我的左右。

图书在版编目（CIP）数据

玻璃瓶里的小森林：21 个微景观的制作与养护 /
（法）玛蒂尔德·勒利埃弗尔著；（法）纪尧姆·切夫摄
影；金秋玥译 . -- 北京：中信出版社，2021.7
ISBN 978-7-5217-3176-7

Ⅰ . ①玻… Ⅱ . ①玛… ②纪… ③金… Ⅲ . ①盆景—
观赏园艺 Ⅳ . ① S688.1

中国版本图书馆 CIP 数据核字 (2021) 第 100353 号

玻璃瓶里的小森林：21个微景观的制作与养护

著　　者：[法] 玛蒂尔德·勒利埃弗尔
摄　　影：[法] 纪尧姆·切夫
译　　者：金秋玥
审　　订：陈霞
出版发行：中信出版集团股份有限公司
　　　　　（北京市朝阳区惠新东街甲4号富盛大厦2座　邮编　100029）
承 印 者：北京盛通印刷股份有限公司

开　　本：787mm×1092mm　1/16　　印　张：6　　字　数：80千字
版　　次：2021年7月第1版　　　　印　次：2021年7月第1次印刷
京权图字：01-2021-3066
书　　号：ISBN 978-7-5217-3176-7
定　　价：58.00元